第一章　产品手绘效果图快速表现形式

手绘效果图表现作为工业设计专业的基础训练课程占有重要的位置。训练目的是提升学习者具备设计与表现的综合素质，要有敏捷的思维能力，眼与手的协调能力，快速的表达能力，丰富的立体想象能力。它是设计者了解社会、记录生活、再现设计方案所必需的技能。只有具备扎实的绘画基本功，才能得心应手地进行产品效果图的表现。本章通过效果图表现的单线形式、线面结合形式和淡彩形式，搭建了学习效果图表现的训练平台。

一、单线形式

设计表现中运用最广泛的形式之一就是单线形式，线是构成设计速写的最基本单元，相对线的要求就比较高，线条的好坏与否，直接影响到整体效果的表达，肯定的下笔，干净、利落、流畅的线条，可以使画面具有较强的生命力。在绘制的过程中，通过线条表现产品的基本特征，如形体的轮廓、转折、虚实、比例等，这些都要通过控制线条的粗细、浓淡、疏密等达到需要表现的效果。所以灵活地运用线条来营造画面显得尤为重要。工具多用铅笔、钢笔、针管笔等。

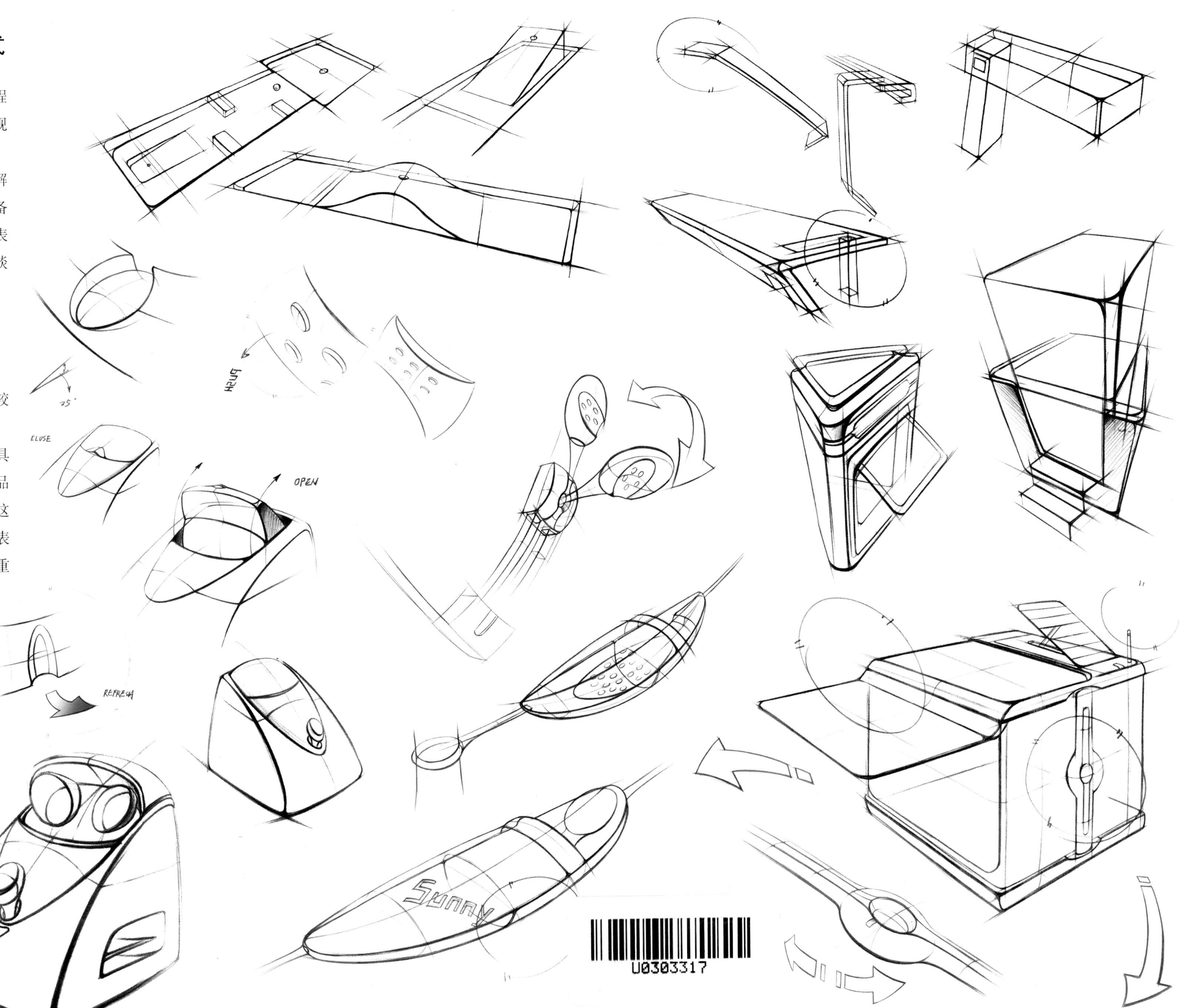

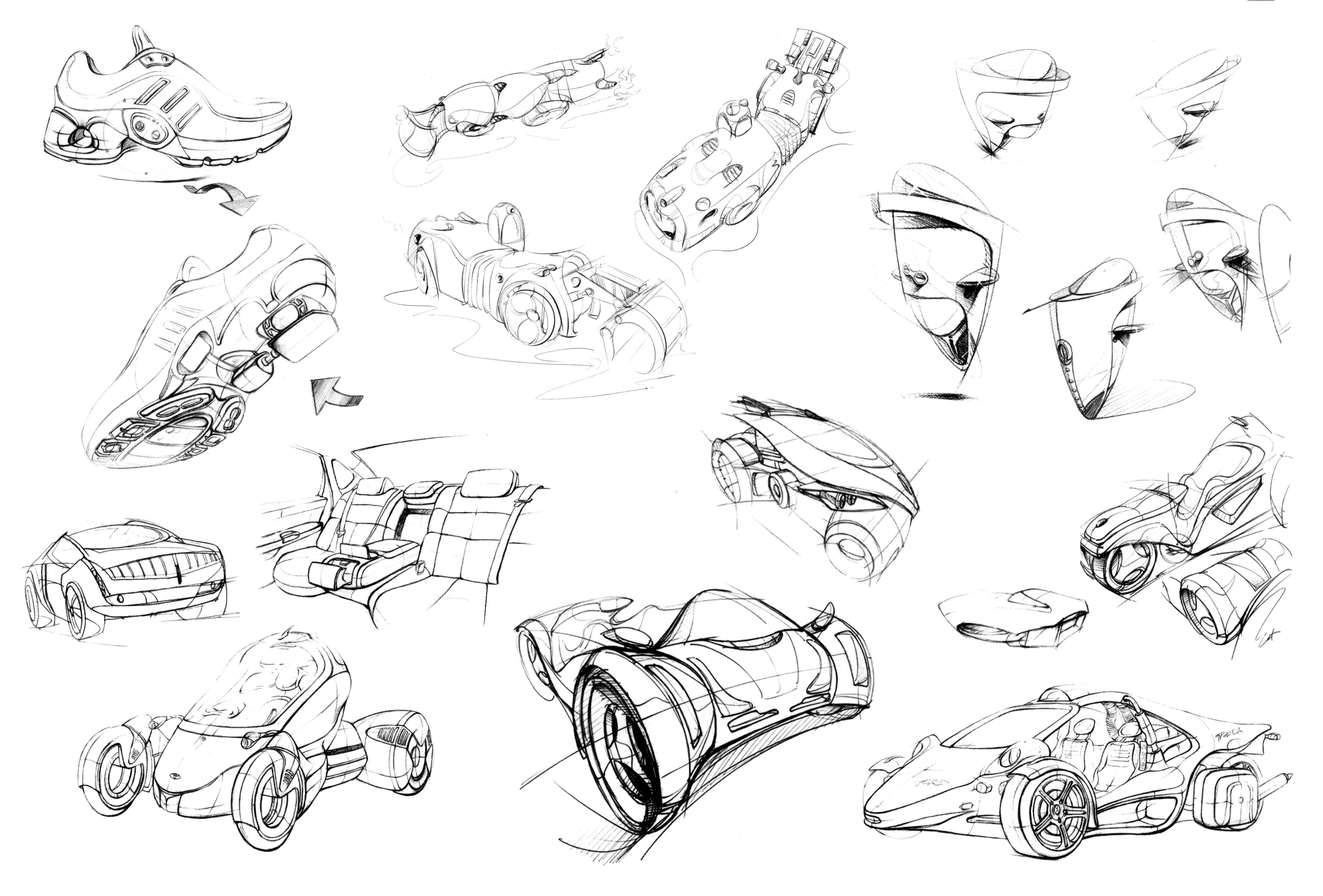

二、线面结合形式

线面结合画法应用的也比较广泛，在用线上与单线形式基本相同，只是增加了线的宽度变化及明暗关系面来强调效果。这种画法表现时要充分考虑物体的关系性，通常用面来表现的部分主要体现在形体转折、暗部、阴影等部位。在颜色处理上主要以同色系的为主，也可适当加以灰色系的颜色配合，同时画面上归纳的面不要占太大比重，要着重处理好画面内的黑白、疏密关系，面的走向要随着线，使之具有透气性，松紧适度，否则会导致画面过于沉重，另外，过多的归纳面会给人以“碎”的感觉。线面结合通过对形体结构关系的归纳，除了能保留单线表现的效果外，又能凸显出主体，表现出物体的空间感和层次感，使画面效果更加生动。

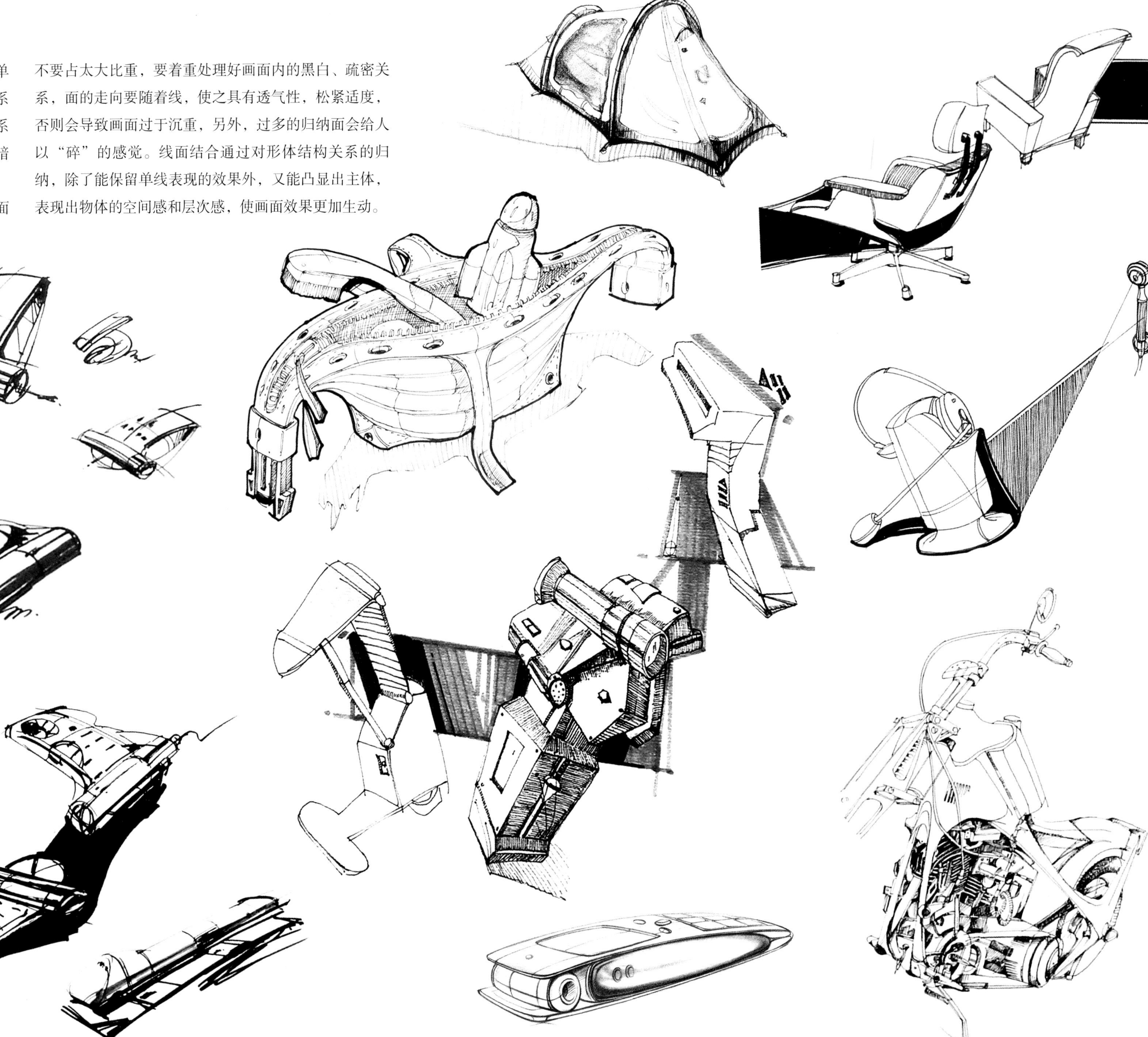

技法小贴示：

线面结合的方法其优势在于用笔可快可慢，具有一定的可调节性，比较易于修改，并有助于下一步的快速上色。对形体分析中要具有启发性，做到主次分明，从“关系”入手，让感受变得生动、鲜明，达到更深入的审美，协调好整体与局部、主体与客体、感觉与理解、观察与表现等诸方面的关系。

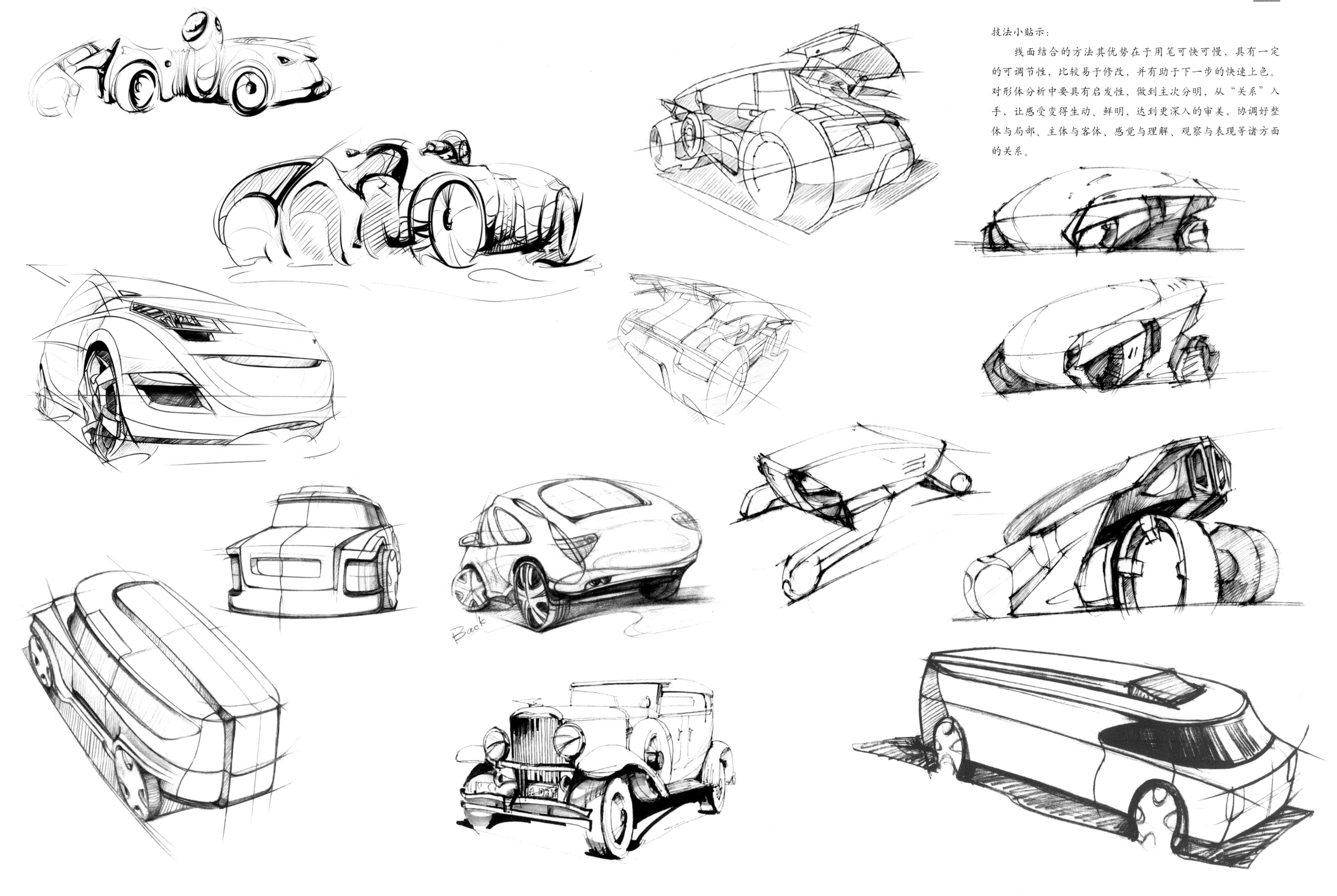

三、淡彩形式

淡彩形式是效果构思表达中最直接的方式。它以明快而流畅的针笔勾线手法为基本的造型语言，并以概括性的色彩来表现。对色彩变化和明暗变化本着快捷、简便的原则来记录，注意在颜色倾向和色彩关系上不必面面俱到的过多润饰。单色上色是淡彩形式的首选，主要运用单色的素描关系表达产品的设计特征。所以在上色的过程中要尽量减少色彩变化，多注意形体特征，根据形体的转折来找主体的深浅变化。

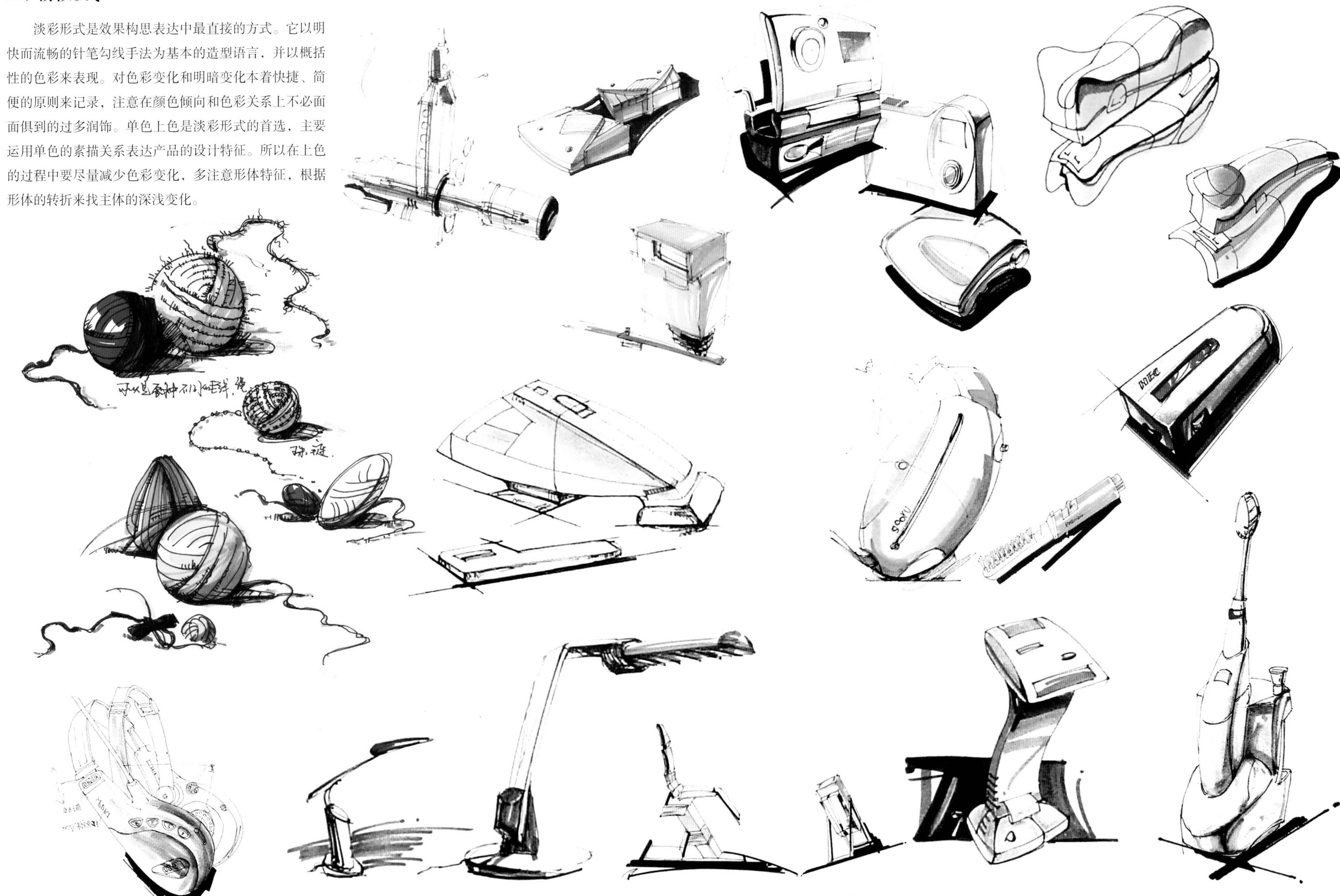

技法小贴示：

利用不同的绘画工具和绘制方法，以明快而流畅的线条作为基本的造型语言，运用透视法则，融合绘画的技能，将浮现在脑海中的创意真实地表达出来，在表现中用笔要肯定、对比要强烈、形体要明确、结构要清晰。注意线条和色彩的运用，要表现得轻松、流畅，有气势。

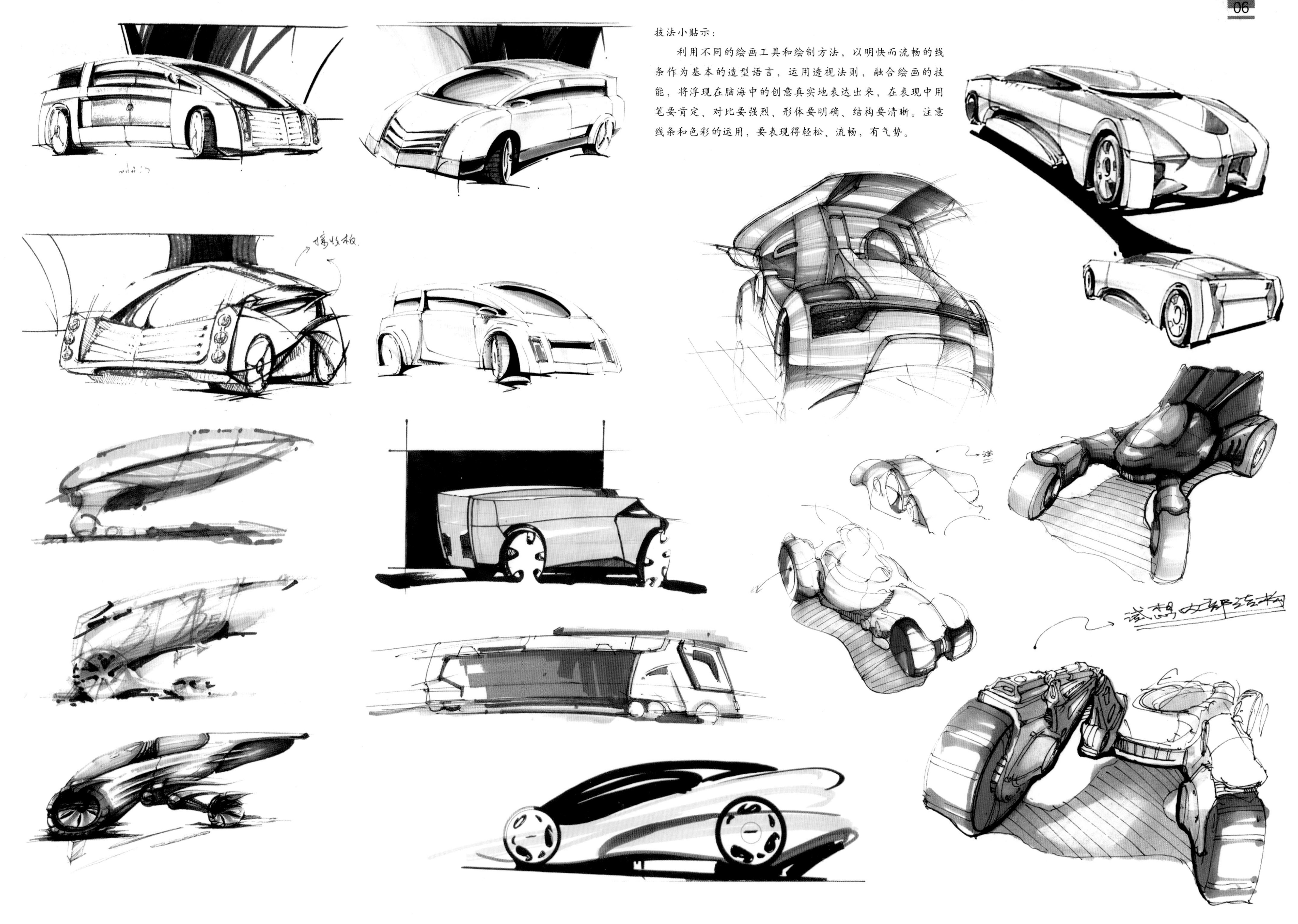

四、快速设计

快速设计表现是把设计构思转化为现实图形，它是图示思维的表达方式。训练的目的是使学生具备设计的综合素质，要有敏捷的思维能力，眼与手的协调能力，快速的表达能力，丰富的立体想象能力。快速表现能够快速地捕捉设计者的瞬间灵感，有效、快捷地表达设计者最初的设计意图。一个好的设计构想，如果不能快速地被表达出来，就会直接影响设计方案的交流与评价，甚至不能引起重视而被放弃。因此快速表现对设计者来说又是交换信息、表达构想、优化方案的重要手段。

根据快速设计表现"讲述"内容的不同，和整个设计构成中起到的不同作用，我们把快速设计表现分为构思草图和设计草图。构思草图和设计草图出现在设计的不同阶段，有着各自不同的用途和表现形式。

1. 构思草图

构思草图一般表现为以简单的线条和一些必要的结构，让设计师达到快速表现、随心所欲的熟练程度，把自己心里所想的创意构思快速地表现出来。它是瞬间闪现的灵感转为图形化，是大脑设计意向模糊、不确定的体现。构思草图是记录设计灵感的一种思维模式，它可以是寥寥的几笔，也可以是某种符号，还可以是有些混乱的、不规则的表达，但是可以牵动、引导设计者的进一步联想发挥，在最短时间内尽可能地寻求最广泛的设计方案的可能。构思草图的主要作用就是完成设计者最初的构思，不需要太多的考虑细节，草图的目的是建立起要设计的雏形，强调轮廓、整体、材质对比及特别设计的部分，着重体现的是设计者的设计风格和整体形态。

瞬间闪现的灵感转为图形，通过简单的形体创意，达到构思的整合。一件产品设计的完成，构思是至关重要的，它是产品设计的雏形与关键。不同形体的构思拓展了思路，也是迎合设计沟通的必须。简洁畅快的画面效果，更加增强了创意的启发、信心的倍增。

设计草图的绘制并没有太多的限制，但必须要能够清楚表达自己的设计思路，要求绘制清晰、结构严谨，要做到整体与局部的详细分析，便于与他人的沟通。

表现中局部结构的细化也是一个非常重要的内容。产品内部结构的细节，如结构间的穿插、结合、凸出、凹进等的关系，不仅需要表现其表面的形状，还要表现其内部结构关系。这就要求在设计的过程中仔细分析、思考。以恰当、严谨的形式表达出来，它是整合设计、效果表达的必要手段。

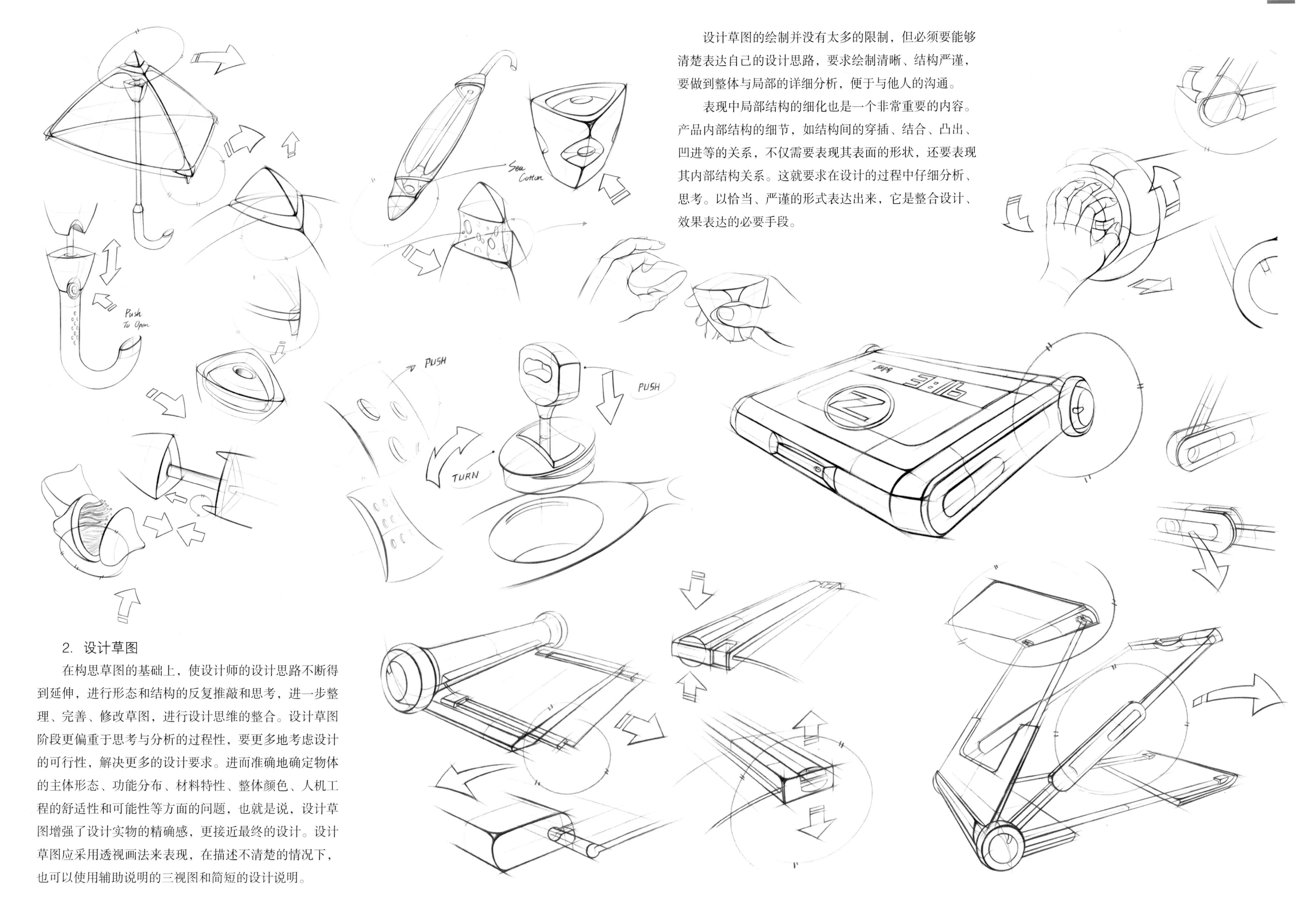

2. 设计草图

在构思草图的基础上，使设计师的设计思路不断得到延伸，进行形态和结构的反复推敲和思考，进一步整理、完善、修改草图，进行设计思维的整合。设计草图阶段更偏重于思考与分析的过程性，要更多地考虑设计的可行性，解决更多的设计要求。进而准确地确定物体的主体形态、功能分布、材料特性、整体颜色、人机工程的舒适性和可能性等方面的问题，也就是说，设计草图增强了设计实物的精确感，更接近最终的设计。设计草图应采用透视画法来表现，在描述不清楚的情况下，也可以使用辅助说明的三视图和简短的设计说明。

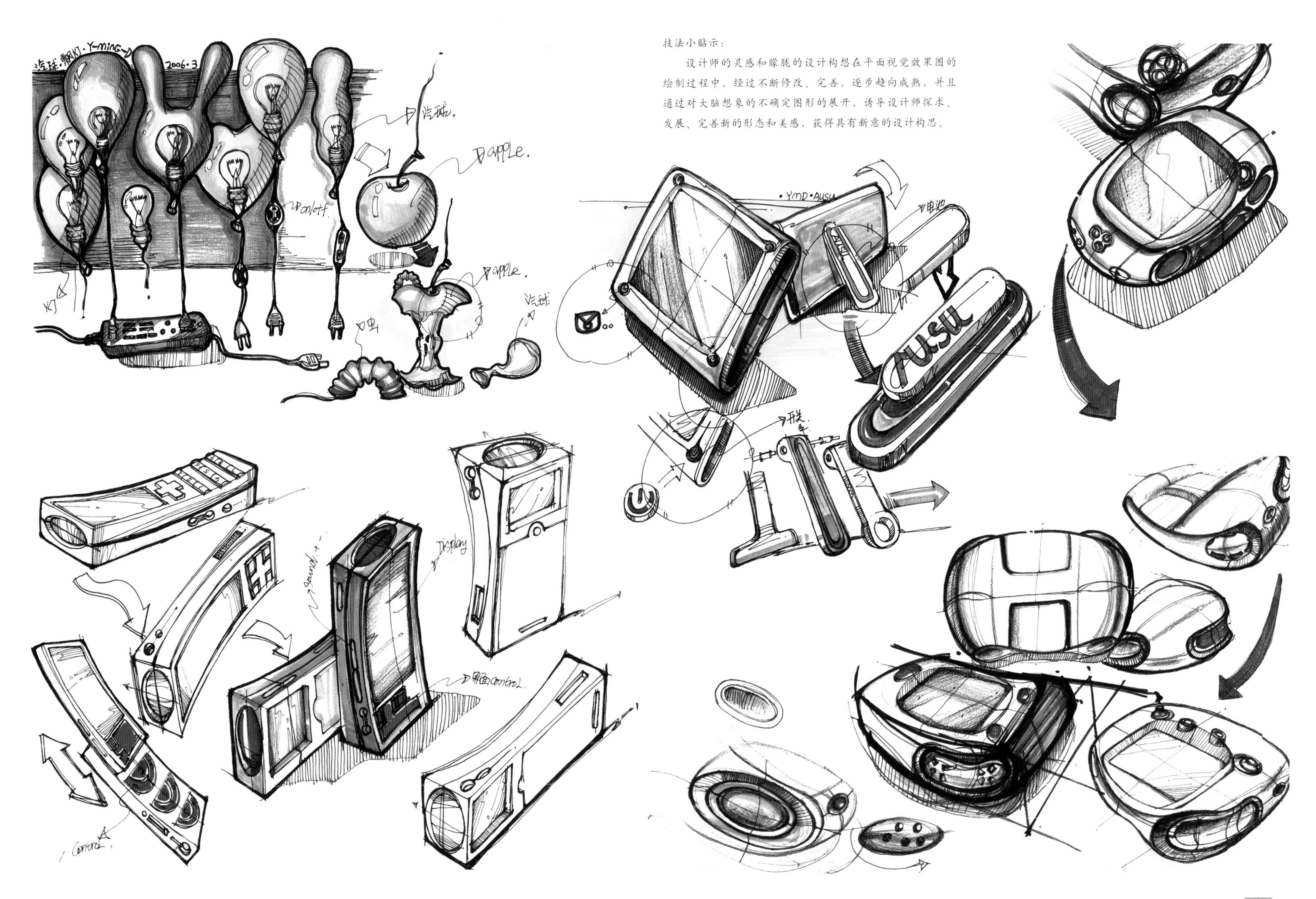

技法小贴示：

设计师的灵感和朦胧的设计构想在平面视觉效果图的绘制过程中，经过不断修改、完善，逐步趋向成熟，并且通过对大脑想象的不确定图形的展开，诱导设计师探求、发展、完善新的形态和美感，获得具有新意的设计构思。

第二章　产品手绘效果图表现步骤

产品手绘效果图表现是产品设计的形态语言，也是传达设计创意必备的技能，是设计过程中的一个重要环节。产品设计中，无论是现实的构思还是未来的设想，都需要设计师通过设计预想图的形式，将抽象的创意转化为具象的视觉媒介，表达出设计的意图。作为特殊的设计表现语言，产品手绘效果图是在一定的设计思维和方法的指导下，达到抽象概念视觉化的过程，以此传达设计信息，沟通设计思想。

此部分步骤图在平面的介质上通过(铅笔、钢笔、马克笔、水粉、透明水色、色粉等)绘图工具，利用不同的绘制方法，以快捷的方式将客观对象和主观创意的形象特征、材质特征、色彩特征、物象空间关系、透视关系、光影效果，审美特征等高度概括，以此促进形象思维的积极运转，开拓想象空间，对推进设计构想的深度、广度和完善起着非常重要的作用。

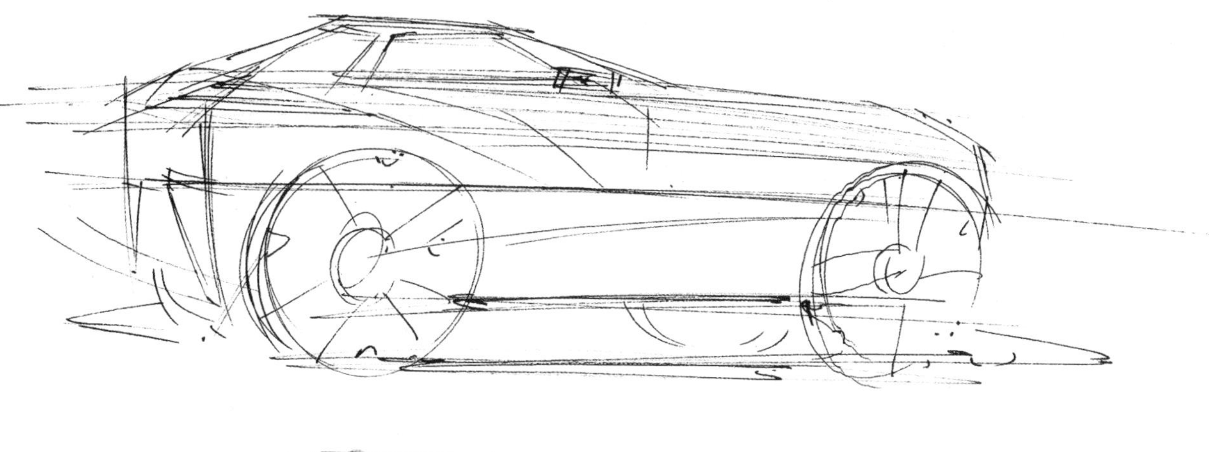

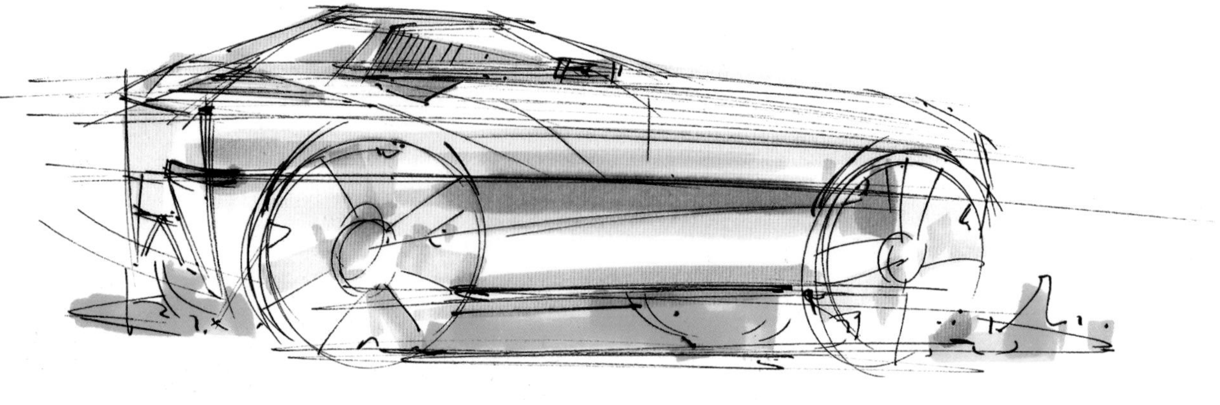

勾画线稿

丰富线稿

两色同灰度马克笔铺色注意反光面的排笔方向。

利用中灰度马克笔逐步铺色渲染画面，用有节奏的笔触处理地面阴影，丰富画面。

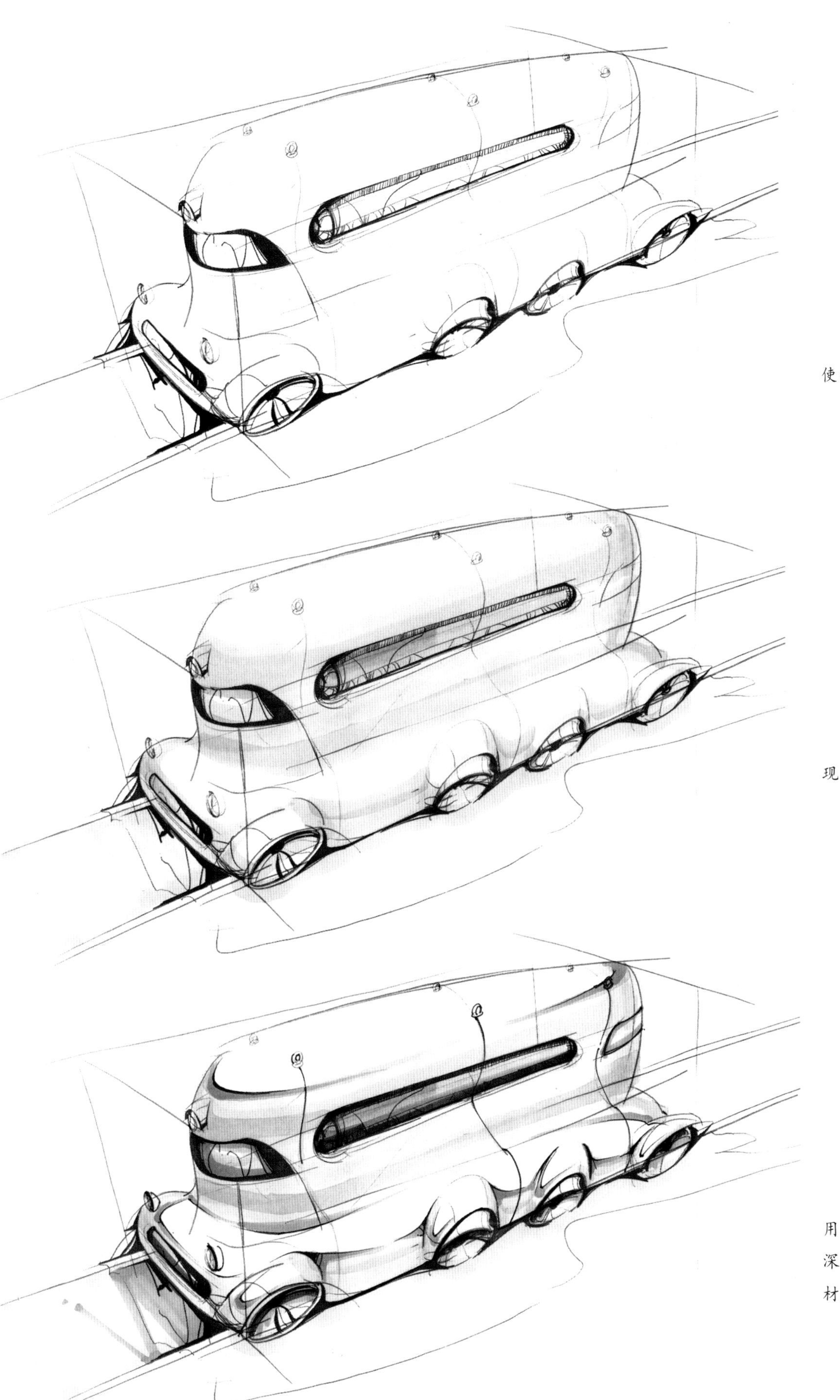

勾画线稿，并用针管笔画出阴影部分，确定明暗关系，使线稿层次丰富而生动。

用浅灰色系马克笔绘出暗部位置，并利用简单笔触表现曲面变化及明暗过渡关系。

将浅色马克笔铺色区域的边界部分作为明暗交界线，用深两度色的马克笔丰富加深阴影层次，着色顺序由浅渐深不是简单的重复，而是逐渐丰富产品的层次。使产品的材质、形态、结构、光影等因素的效果突出。

此图难点在于透视视图中表现左右对称的产品，首先要画出产品的中线，然后根据透视角度调整所绘图画的左右比例。注意画面中圆形的结构需要两轴向的结构辅助线。

此产品为塑料亚光材质，但是也存在小面积反光区域，所以表现这类产品时应注意控制高光面积，利用浅色马克笔大面积铺色表现亚光质感。注意避免画面死板，可以利用针管笔绘制活跃的装饰线来修饰。

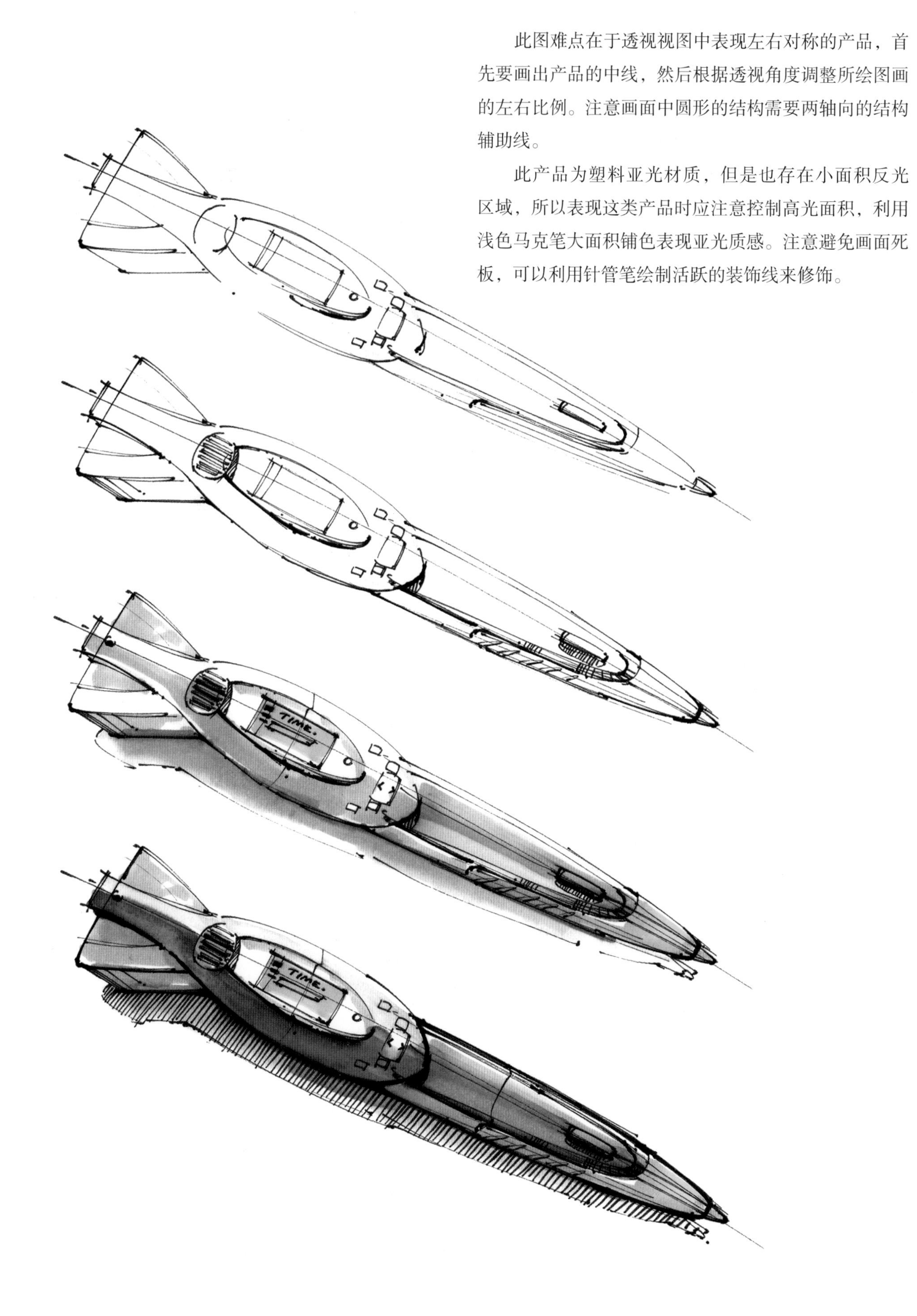

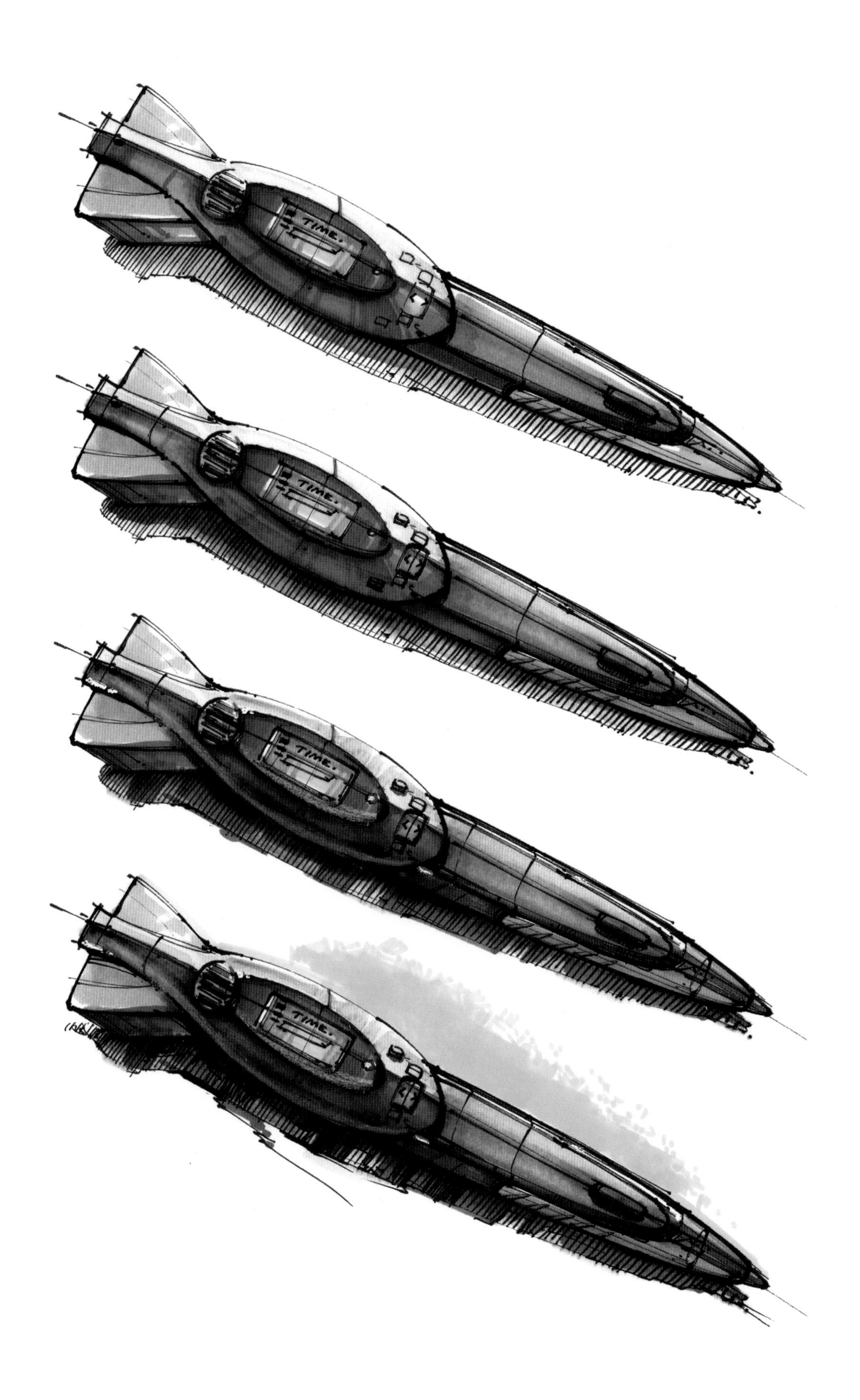

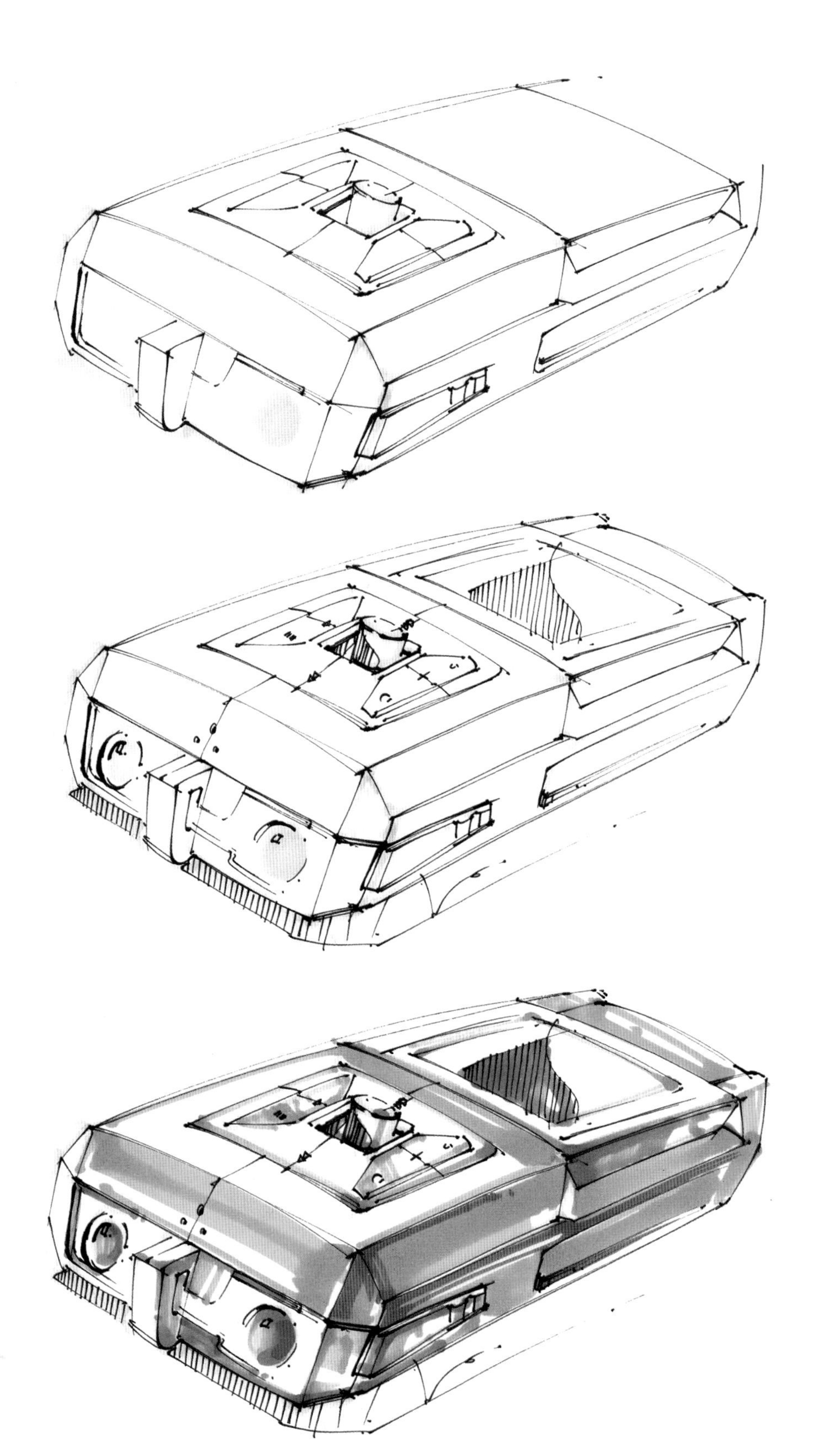

勾画线稿、确定好产品的比例、结构关系。

丰富线稿、确定阴影及暗部区域、尽可能详尽刻画产品细部结构。

用浅色马克笔铺色、表现产品的固有色、调整暗部与亮部面积。

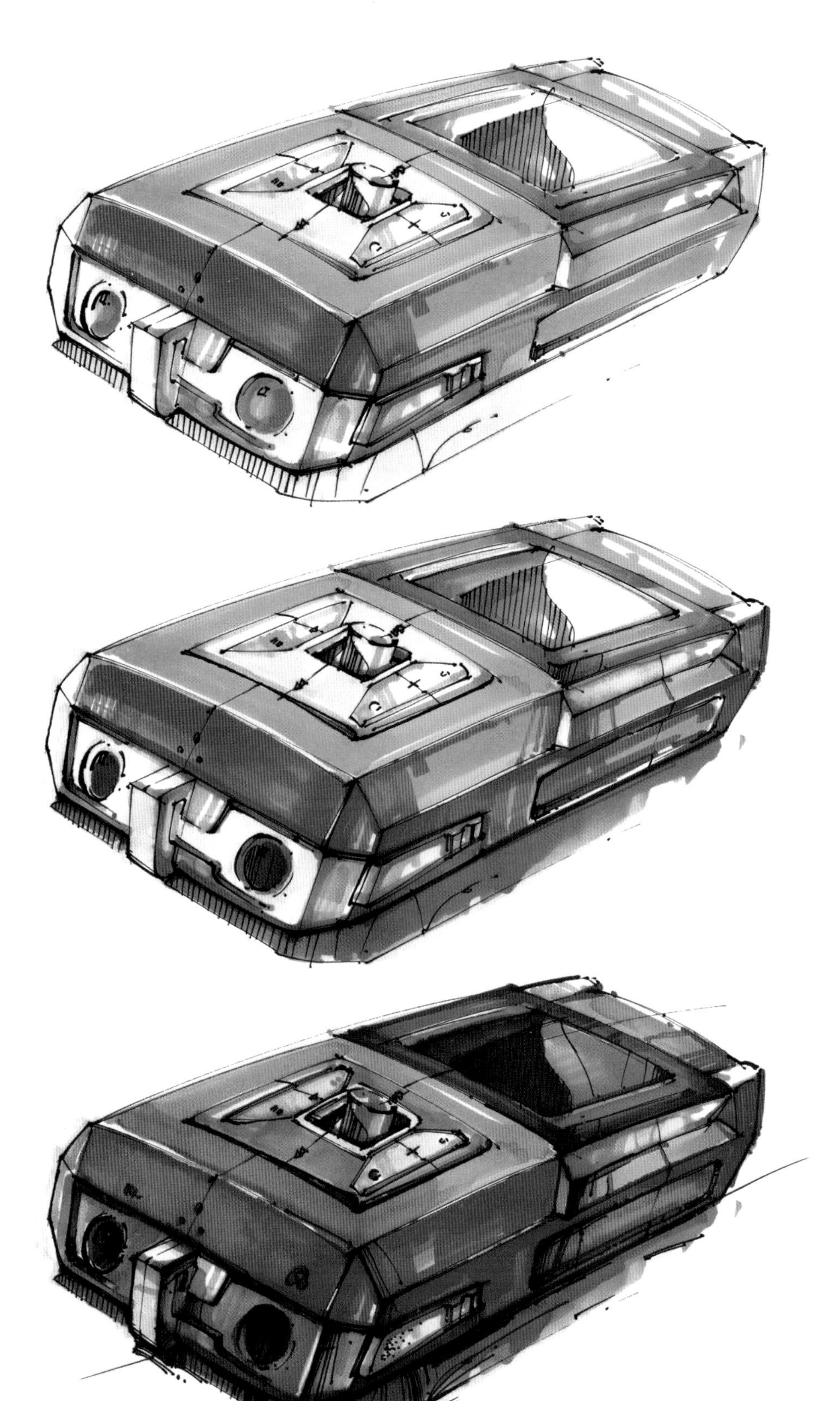

用较深色马克笔铺色、控制暗部区域、强调明暗关系。

继续深化细部、润色笔触的流畅变化、注意控制画面的明暗节奏及大的体面关系。

利用深灰色马克笔强化产品结构、统一画面色彩、最后用针管笔修饰画面细节。

绘制线稿要清晰流畅，一笔合成，绘制过程中要注意笔触的粗细变化，切忌重复用笔。

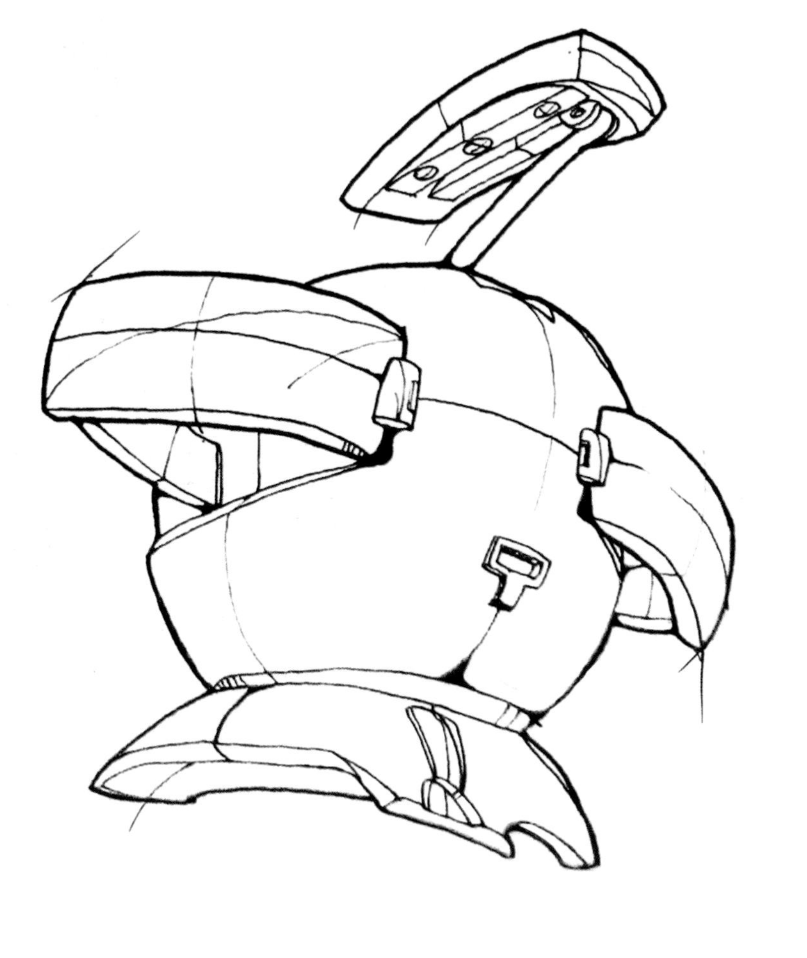

利用浅色马克笔的控笔速度和笔头不同宽窄尺寸定位产品总的体面关系及阴影部位的变化。

使用中度灰的马克笔加强刻画产品暗部和转折处阴影。

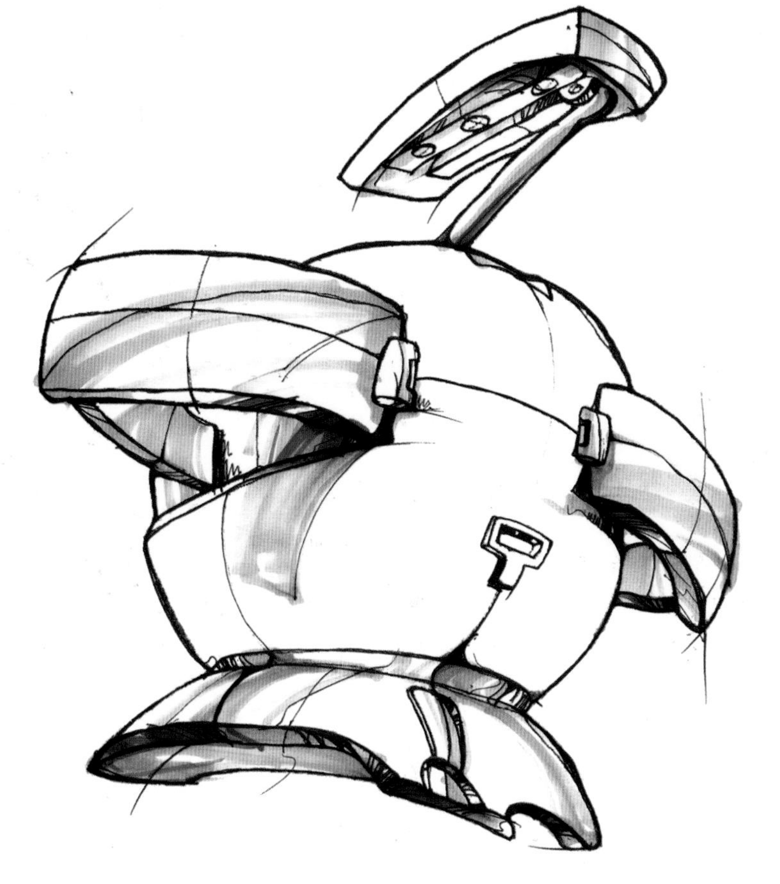

在线稿的基础上，用较粗针管笔强化暗部及主要轮廓线部分，重点是透视点前置线条、交叉线条、暗部线条的刻画，用笔要生动流畅，强调画面的层次感和彰显力。

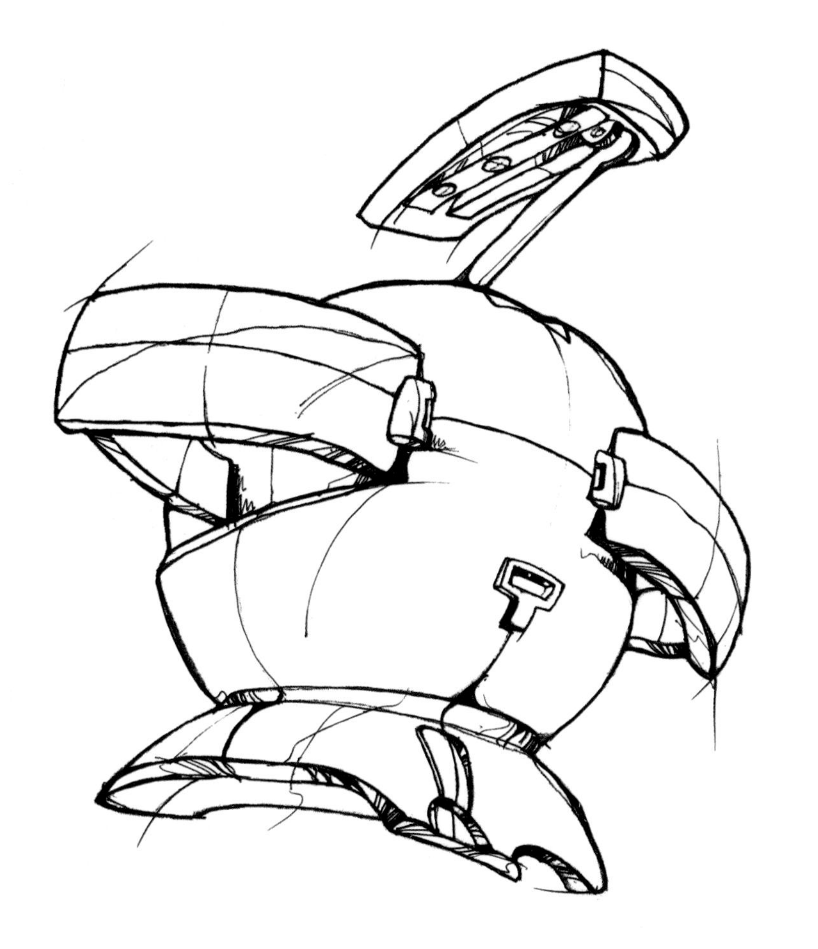

用较纯颜色的浅蓝色系马克笔确定产品主体位置，再用较之前深两度的蓝色系马克笔确定阴影及转折轮廓，笔触运用上要快捷利落、活泼生动。此阶段要充分考虑到笔触的透气性，来加强画面的空间及层次的过渡关系。

最后用针管笔修饰暗部及主要转折面。

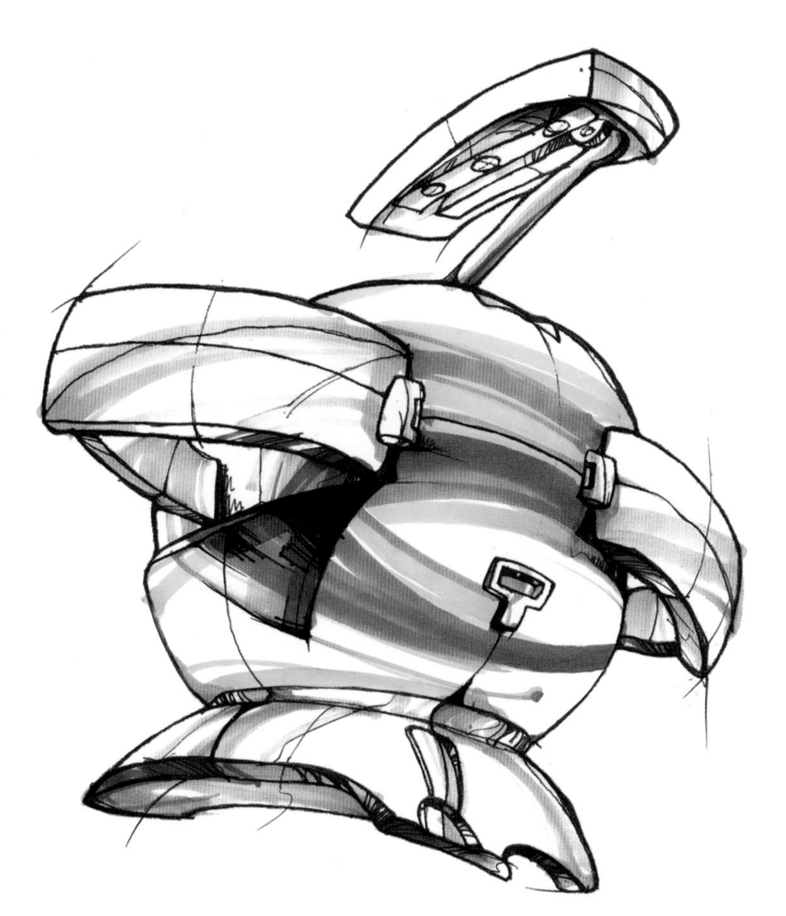

产品本身是有生命力的，这就需要以功能与结构的角度来强化。通过具体的画面构图与整合，把产品本身固有的主次关系和视角尽可能地展现出来，这是充实设计取向的必须环节，也是确定画面效果的直接体现。

认真分析所画对象的形体关系，准确地描绘形体结构，画时要注意整体关系上的把握，如明暗、主次等关系，不要被细节所左右。特别是要求快速表现的时候，要干净利落，不要太过拘谨。

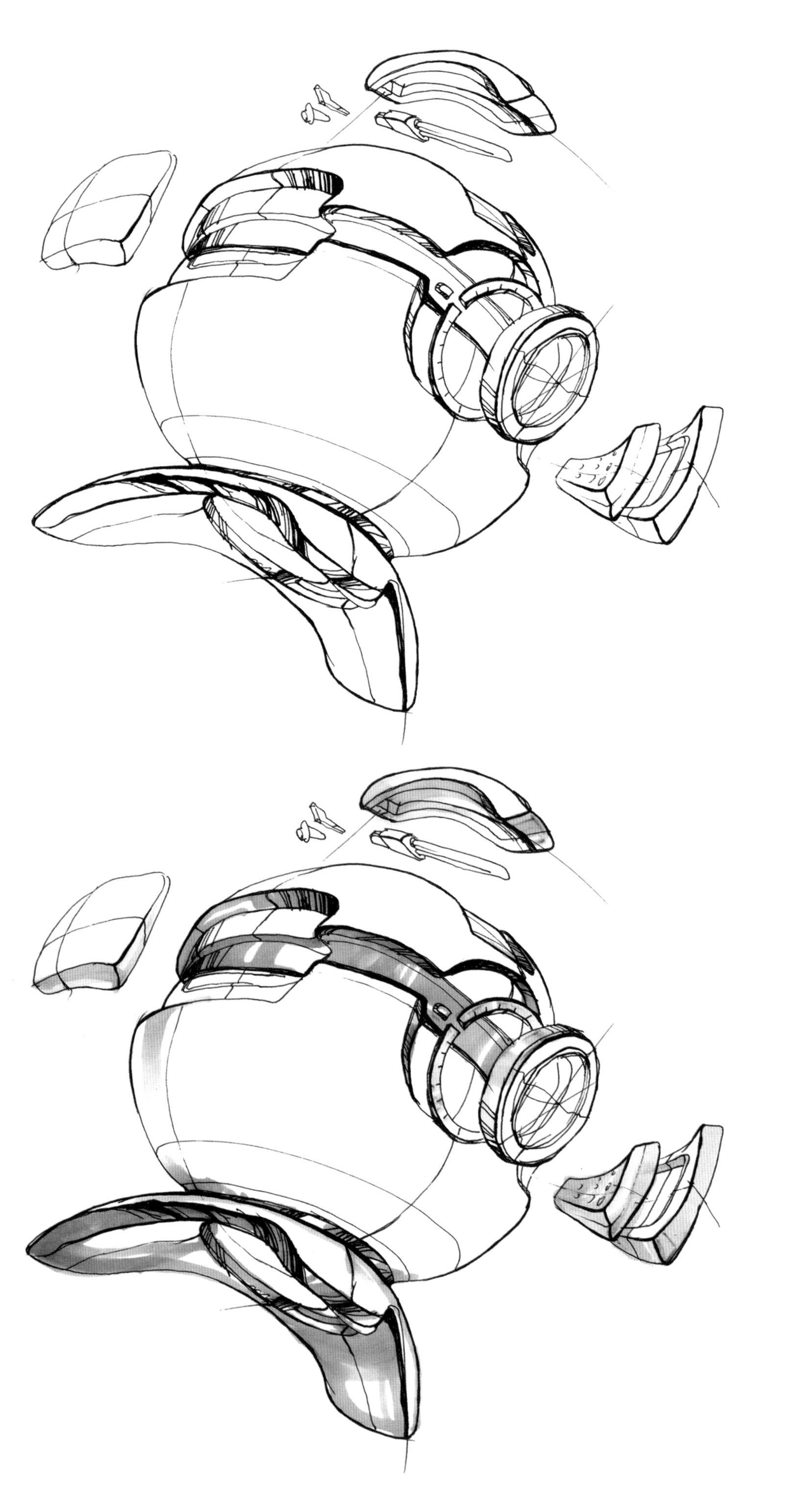

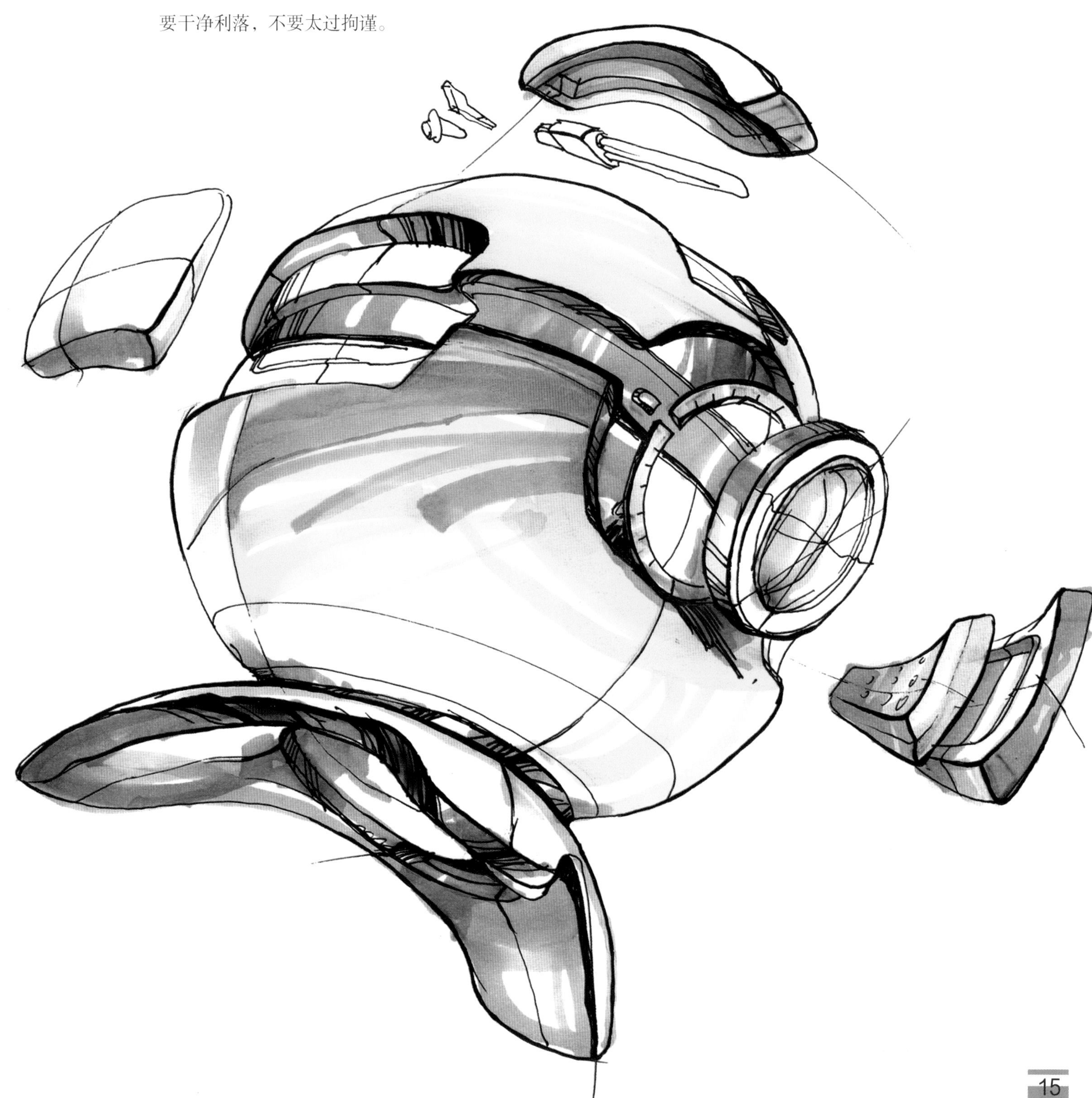

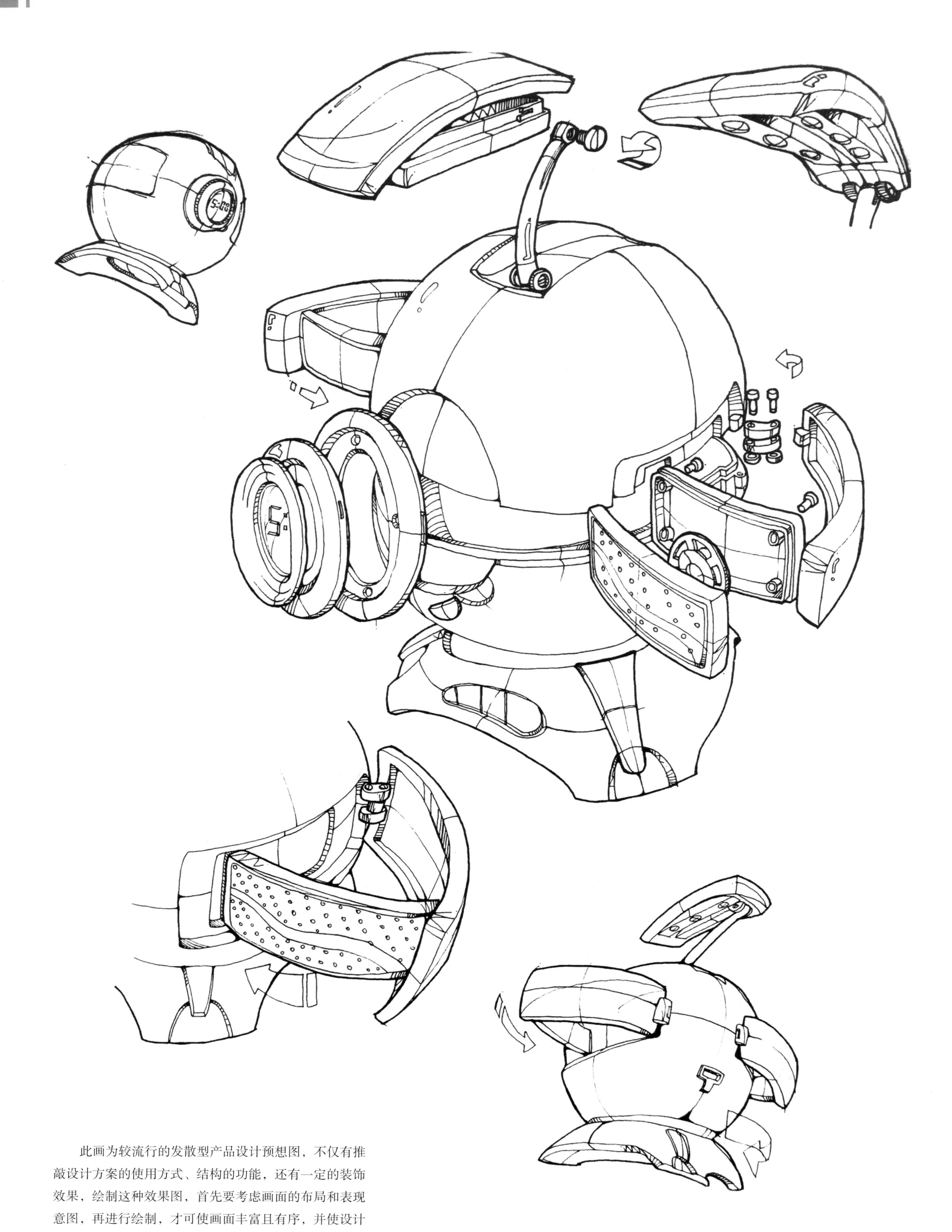

此画为较流行的发散型产品设计预想图，不仅有推敲设计方案的使用方式、结构的功能，还有一定的装饰效果，绘制这种效果图，首先要考虑画面的布局和表现意图，再进行绘制，才可使画面丰富且有序，并使设计意图清晰。

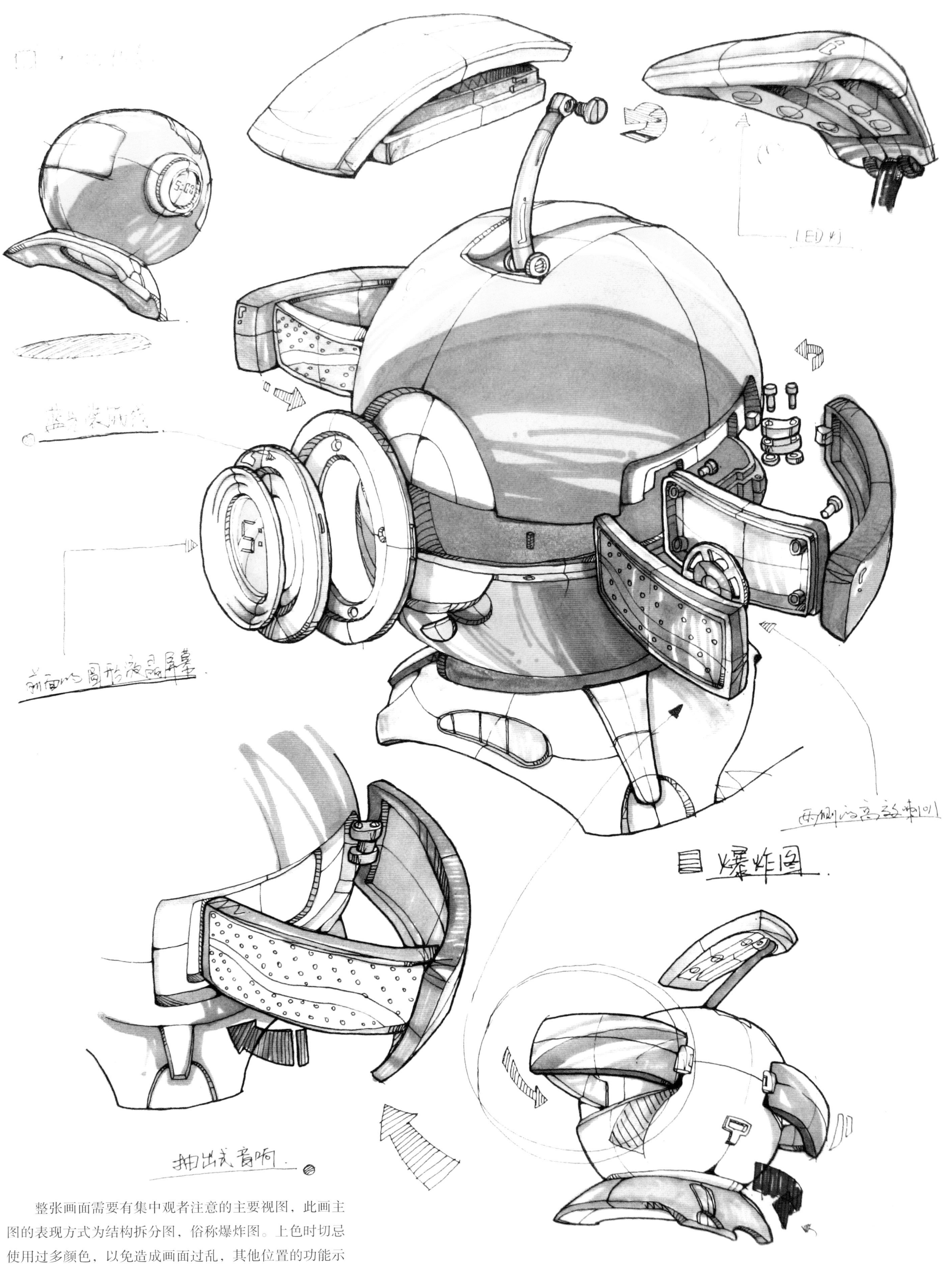

整张画面需要有集中观者注意的主要视图，此画主图的表现方式为结构拆分图，俗称爆炸图。上色时切忌使用过多颜色，以免造成画面过乱，其他位置的功能示意图也应使用简单颜色或与主图互补的颜色，这样便能更好地烘托画面。

第三章　效果图表现的基本技法

效果图表现技法种类很多，每种技法都有着各自的特点。绘制者常常会根据个人的绘制习惯和工具的选择，配合产品结构和形态的特点选择相应的画法。本部分通过对诸多画法的研究，可让学习者从中寻找适合自己的表现方式及容易掌握的画法，特别是对新方法的研究和借鉴，探寻一种个性风格的舒张。学习者可在初步掌握一种画法的基础上，在思考与实践中，熟练掌握各种工具与材料的特性与规律，结合不同画法的长处，以组合应用的角度逐渐形成一种有效的、新的表现方法。

一、马克笔表现

马克笔的应用比较广泛，油性马克笔和水性马克笔的颜色均为透明色彩。它的优越性在于着色简便、速干、绘制流利、可覆盖、成图迅速，具有其他表现技法无可比拟的优势，它已成为快速表现中必不可少的工具之一。同时，马克笔在表现上易与其他工具如彩色铅笔、透明水色、色粉及水粉混合使用，达到让人耳目一新的表现效果。

马克笔绘制效果图时，通常以浅入深进行着色，其颜色浓重、笔触明显、痕迹清晰。绘制时尽量避免笔触间出现重叠，带出深色的条线。在纸张的选用上可根据绘制表现的效果需要，选择素描用纸、水彩用纸、有色纸、马克笔用纸，尤其是白卡纸和漫画原稿纸的使用为最佳。

马克笔的表现，一般先用针管笔画出单线的表现图，然后运用马克笔进行排笔，上色时应注意色彩的选择，尽量快速表现完成，要以运笔用力的轻重体现出粗细变化，以速度的快慢体现连接关系。注意以叠加的方式对局部进行第二次着色，要注意运笔的疏密变化。

李丹

二、透明水色表现

透明水色的绘制通常是在针笔线稿完成的基础上进行，着色一般由浅入深，逐层深入。透明水色所使用的纸张一般选用较为厚实的纸质。表现时以水为主加少量颜色控制性运笔，将会在画面上出现生动自然、层次丰富的融合润染效果，富有表现力。透明水色着色一般一遍完成，局部可进行两至三遍的覆盖，切勿过多层次的叠加及反复修改。透明水色控制的关键在于用水量多少，水多不易干透，水少则出现过多笔触，不易表现光滑质感。

李阔

绘制表现过程中，离不开对材料质感的描绘。它是效果图快速表现的关键。不同线条可以表达不同的质感，练习的时候要从中深刻体会和理解，多加练习以适合个人特点的表现方式，同时注意运笔的疏密变化。

董伊孜

吕琳

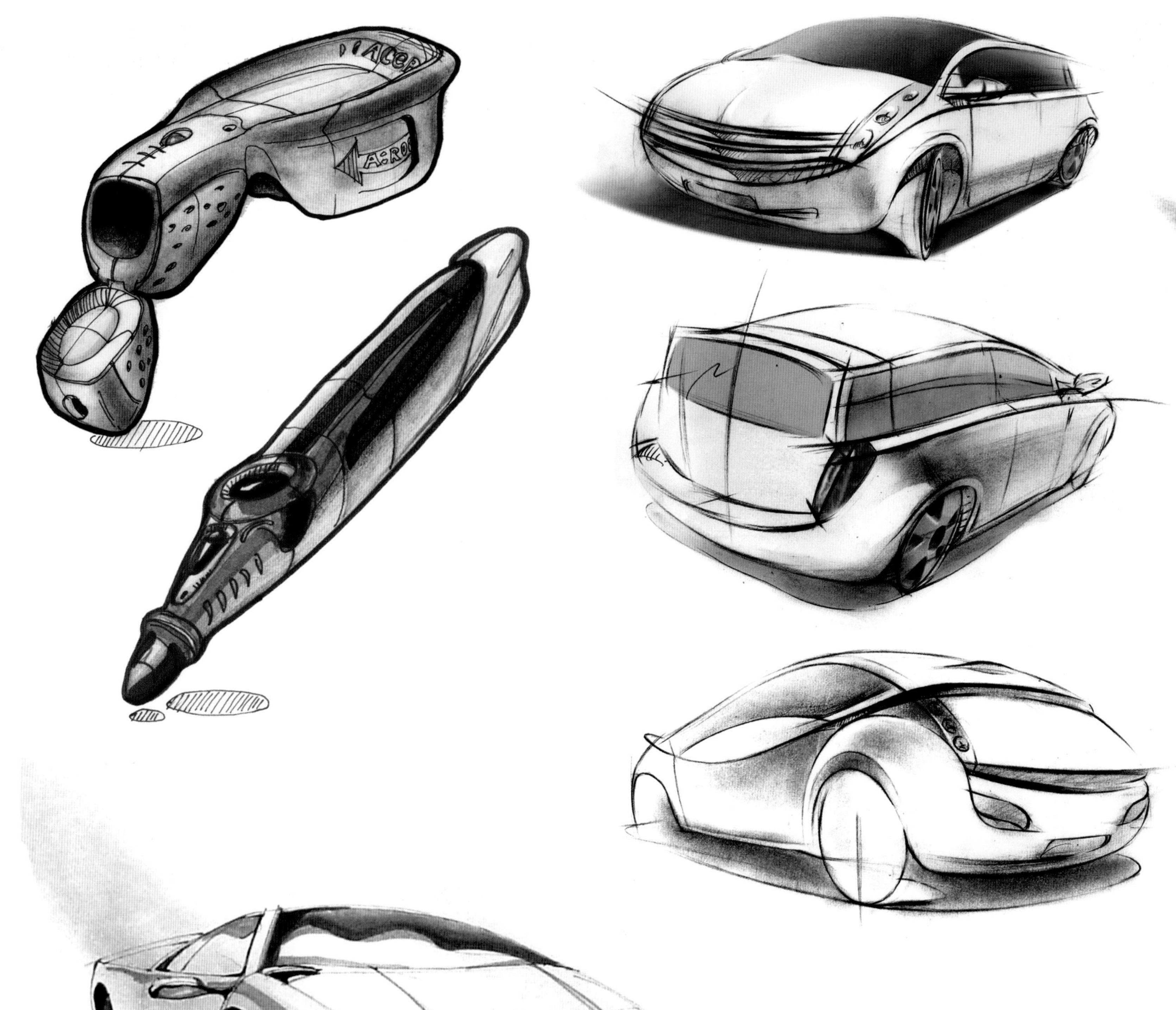

三、色粉表现

色粉笔属于颗粒粉状材料，适合大面积铺开使用，色粉笔表现可产生喷绘的效果，明暗过渡均匀。它可多种色粉相混，为画面提升生动自然的效果。通常与马克笔结合使用，可根据不同的要求表现出不同的质感。在纸张的选择上尽量使用纸质细腻、不易起毛的纸张。涂抹的方式根据个人习惯与表现效果的不同，可选择直接在纸张上涂抹、手指涂抹、毛刷涂抹、棉或软质纸巾涂抹等方式。色粉的特点是色调清新生动、透气性好，注意涂抹的次数不宜超过三次。

四、彩色铅笔表现

彩色铅笔的淡彩表现以清晰淡雅的线条作为基本的造型语言。绘制过程中，利用彩色铅笔的固有特性进行多种色彩的重叠表现，可创造出更为丰富的色彩表现效果。彩色铅笔的运笔、线条排布上要绘制均匀，尽可能避免交叉线条的存在，特别是垂直交叉的形式。如果在有色纸上完成，还会出现一种畅快自然之感。表现时要控制好彩色铅笔的色彩种类，一般不超过三种颜色。有色纸的底色可以直接作为要表现物体的中间色调。此种方法高光处要尽量控制少画或不画。彩色铅笔表现的不足之处在于其颜色较淡、饱和度低。此外，还有一种水溶性彩色铅笔，在绘制时利用其可溶水的特点，使画面出现浸润感。

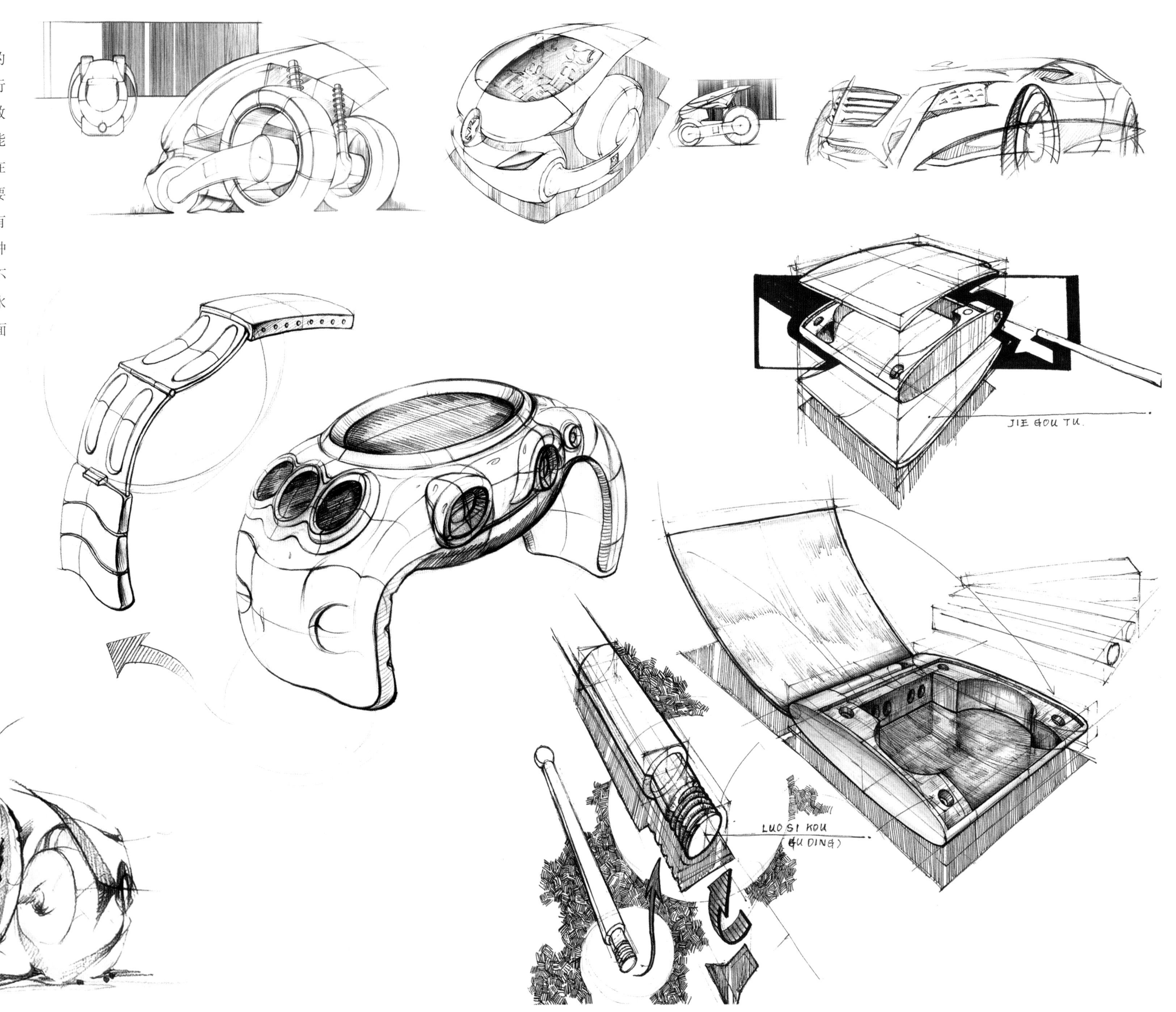

五、正投影法

这是一种作图简便而又能较充分地说明设计要求的直观立体绘图方法。它是根据机械制图原理，在平面投影图上，以单一视图或多角度视图的形式画出产品的形态与结构，然后再进行明暗或色彩方面的处理。这种方法不需绘制透视图，因此，所表现产品的比例、尺度准确而直观。

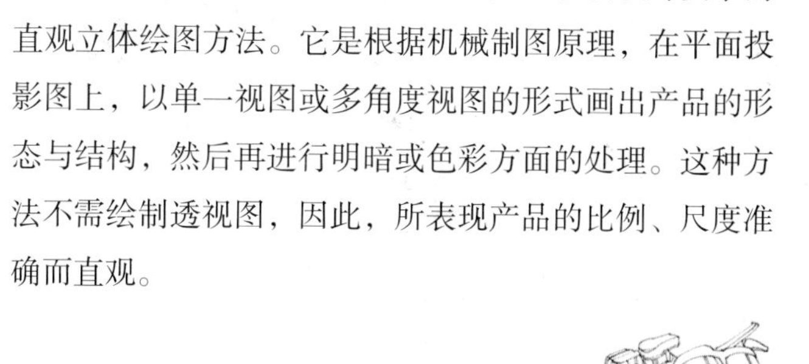

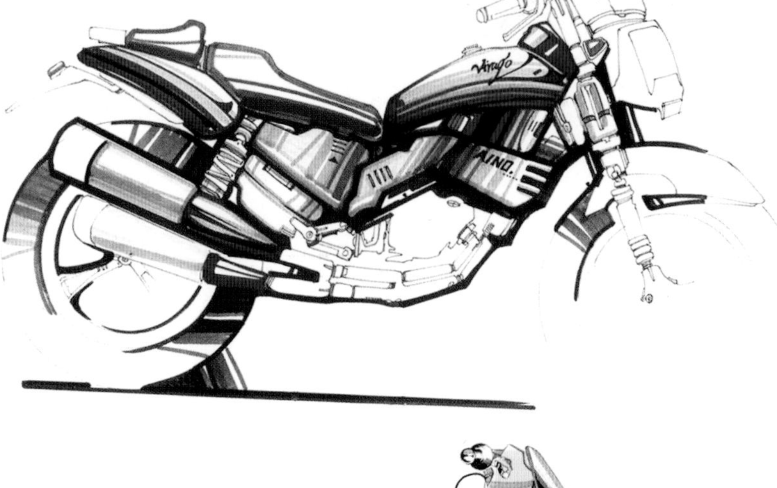

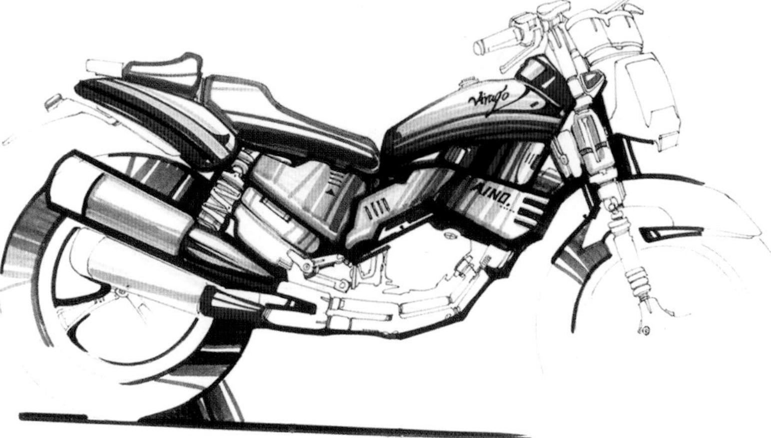

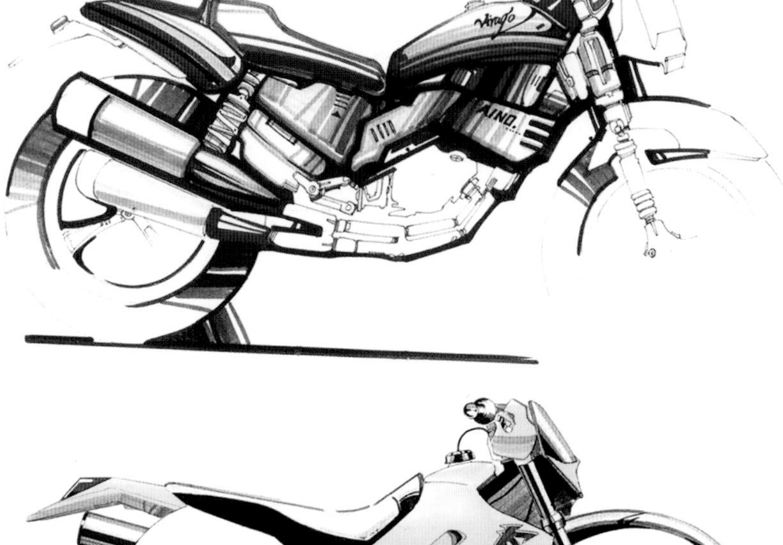

曹伟智

姜振

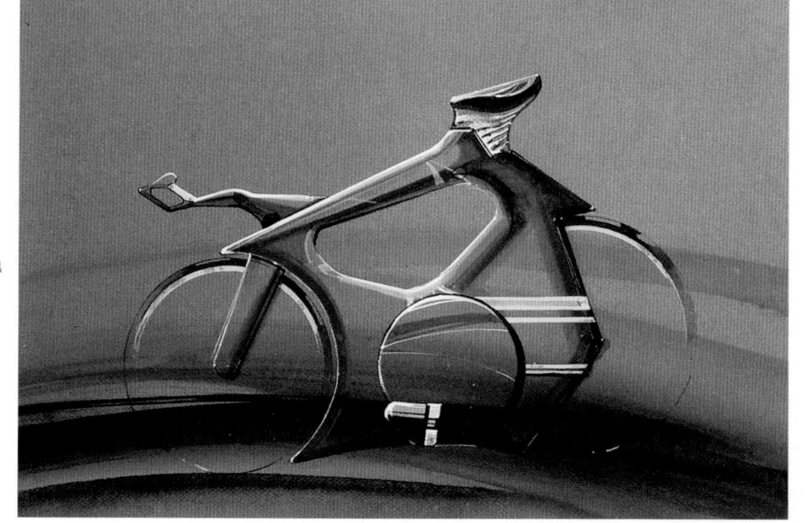

六、渐层法表现

渐层法是产品效果图中常用的表现技法之一。这种技法重点强调光感效果，明暗对比强烈，很适合表现光洁度高、透明性好的材料质感，它较细腻地表现产品的造型、色彩和组合关系。在方法运用上首先用透明水色或水彩调出所需要的颜色，由深到浅快速运笔，形成丰富的层次。待干后，用不透明的色彩画出物体颜色，最后用结构线将主体勾画出来。

陈峰

陈岩

渐层法的主要特点在于对背景的处理上，这种画法是在物体的任何一方或一角画出一条背景，背景的颜色可以是主体固有色的补色或此主体的混合色，也可是单一的重色，目的在于将表现的主体衬托出来。此画法在构图上可使画面看起来更丰富，色彩上可起烘托或协调的作用。同时在运用上既节省时间，又可平衡画面。

表现技法上还要注意着色要有方向性变化，单一的颜色要注意浓淡的变化，排笔要有疏密的变化；混合色要有主次之分，要有一个主色调，在主调的基础上，略加少许环境色或背景色。

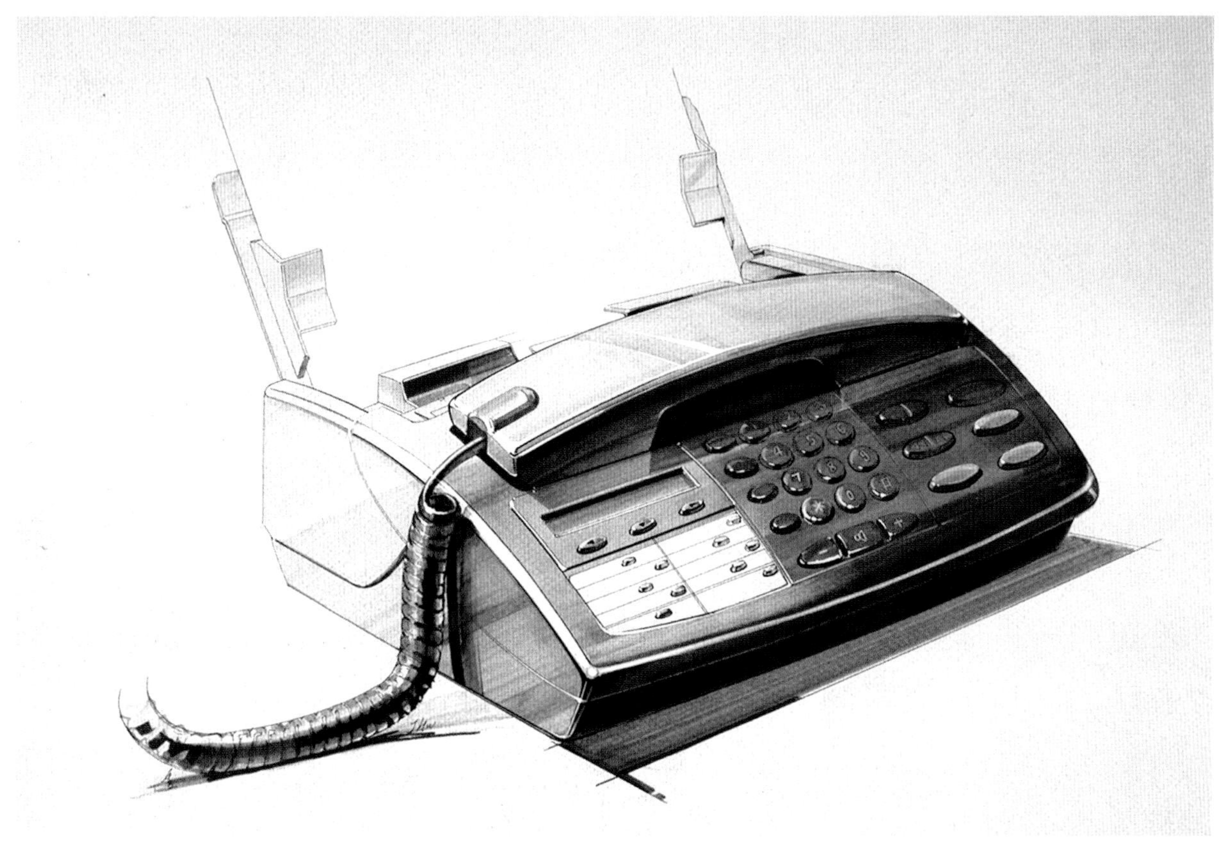

焦宏伟

曹伟智

焦宏伟

同一产品不同画法的实施，有利于寻找各自的特点，并将这些特点加以灵活掌握和运用，从而更好地表达出不同产品的自身特点。

于洋

七、综合法表现

综合法是在效果表现中运用多种绘图工具与技法相结合的一种表现方法。综合表现常用的工具是马克笔与色粉、透明水色、水粉的配合使用，这是快速表现中一种常见的表现技法，它有效地提升了画面效果的生动与清透。这种方法运用在不同的物体上处理方式也截然不同，需归属于产品属性的表现上，一般在画面中色粉的运用起到了重要支撑。效果背景的颜色可以是主体固有色的补色或此主体的混合色，也可以是单一的重色。目的在于将表现的主体衬托出来。黑色的投影具有很好的衬托作用，可以增加产品的体量及质感。